一盆一景一世界 半农半兰半神仙

中国盆景年鉴
2021

《花木盆景》编辑部◎主编

长江出版传媒
湖北科学技术出版社

《中国盆景年鉴2021》编委会

（以姓氏笔画为序）

王永康　王德国　太云华　毛　竹　孔德政　田一卫

冯连生　朱德保　刘传刚　李　城　李树华　杨贵生

吴吉成　吴清昭　张小宝　张世坤　陈　昌　陈富清

邵火生　范义成　周宏友　郑永泰　郑志林　赵庆泉

郝继锋　柯成昆　禹　端　侯昌林　施勇如　袁心义

郭新华　唐森林　黄远颖　黄连辉　曹志振　盛影蛟

韩学年　谢克英　谢树俊　鲍世骐　樊顺利

中國盆景年鑒

陳昌

《花木盆景》杂志社荣誉社长、中国风景园林学会花卉盆景赏石分会理事长　陈昌　题字

典藏中国盆景历史

中国盆景艺术家协会会长　鲍世骐　题字

《中国盆景年鉴》的问世，填补了盆景界年度大事记的空白。希望办成盆景撷英集翠的园台，交流学习的讲台，产业合作的平台，成为国家级盆景史料的档案馆！

中国花卉协会盆景分会.

施勇如.

中国花卉协会盆景分会会长　施勇如　题字

目 录

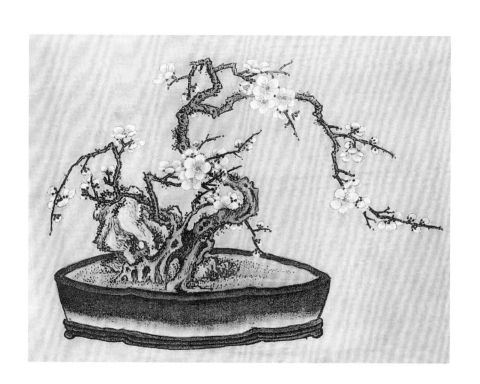

第 一 章

2021年大事记

2021NIAN DASHIJI

上海市盆景赏石协会
第七届年展

2020.12.31

　　2020 年 12 月 31—2021 年 1 月 3 日，上海市盆景赏石协会第七届
年展在上海植物园开幕。

　　2019 年底上海市盆景赏石协会与上海植物园达成战略合作协议，
1 年来该协会和上海植物园通力协作，多次举办形式多样、内容丰富的
盆景文化交流活动，大力推动了海派盆景的蓬勃发展。海派盆景形式
自由，自然入画，有的造型精巧，有的造型雄健，明快流畅，以其独
特的魅力在各类展览中屡获佳绩。

2021.1.1

台州市第十届盆景艺术精品展

　　盆景名家精品邀请展暨台州市第十届盆景艺术精品展于 1 月 1—3 日在黄岩区九峰公园成功举办。此次盆景艺术精品展参展作品 120 余盆，评出 8 个金奖，16 个银奖，18 个铜奖。

　　台州盆景底蕴深厚，爱好者众多，名园荟萃，盆景大师、盆景高级艺术师等人才层出不穷，创作、收藏的精品盆景颇多。自然清新、气韵生动、苍古入画、四时可赏的台州盆景，在国内有着较强的影响力。

2021.1.10

枣庄市峄城区盆景艺术家协会成立

　　1 月 10 日，枣庄市峄城区盆景艺术家协会成立大会在峄城区召开。山东省盆景协会联盟常务副主席兼秘书长、BCI 国际盆景艺术大师、中国盆景艺术大师范义成，枣庄市树石盆景协会会长、中国盆景艺术大师张宪文，峄城区林业发展服务中心主任颜成国，峄城区文学艺术界联合会主席张开华出席会议，山东省盆景协会联盟主席殷志勇发来贺信并赠送贺礼。全区 60 余名会员代表参加了会议。

　　会议表决通过了《峄城区盆景艺术家协会章程》，选举产生了第一届理事会，推选张忠涛任协会主席，朱秀伦、张永、韩建民、赵佩国、李涛为副主席，李新任秘书长，张新友、孙建国为副秘书长；协会聘请杨大维、钟文善为顾问，王学忠、宋茂春、张孝军为艺术顾问。

2021.1.16

武汉盆景沙龙第二届盆景展

1月16日，武汉盆景沙龙会员携带精品盆景40余件参加在东湖花木城举办的武汉盆景沙龙第二届盆景展，为武汉盆景爱好者提供了交流、探讨盆景艺术的新空间。

武汉盆景沙龙由黄伟和高昆等策划发起，武汉众多盆景爱好者积极参与。此次盆景展树种丰富，有真柏、黑松、黄山松、黄杨、老鸦柿、对节白蜡等树种，造型形式多样，具有明显的武汉特色；展览不组织评奖，爱好者在和谐的氛围中坦诚交流。

2021.1.30

东莞市盆景协会乔迁新址

1月30日，东莞市盆景协会乔迁新址，协会办公、交流地点迁至东莞市高埗镇张玉珍先生家园会所，与中国盆景艺术家协会授予的"中国海岛罗汉松盆景艺术之乡"荣誉牌匾同驻。

东莞市盆景协会1982年9月成立，下设有高埗、大岭山、虎门、茶山和石龙五个分会，2018年完成第八届理事会换届工作，目前会员有300多人。协会在以王景林为会长的第八届理事会的带领下，呈现出欣欣向荣的喜人局面，展现了东莞盆景人强大的向心力和凝聚力。

2021.3.9

中国首届 2021·盆景·古盆春季大型拍卖会

3月9日，由杭州龙吟园楼华强与常州随园王永康倡导发起的盆景业者联盟主办、随园承办的"中国首届 2021·盆景·古盆春季大型拍卖会"在常州枫泽山庄举办，来自全国各地的盆景收藏家、盆景业者数百人参加拍卖会。

近年来，中国盆景事业飞速发展，盆景收藏者、爱好者、从业者、经营者队伍不断壮大，盆景交易、流通的需求迅速提升。本次拍卖现场作品众多，以日本盆景为主，大、中型盆景单件拍卖，小型、微型盆景成组拍卖，极其快捷高效。拍卖活动的成功举办对国内盆景交易与流通做出了有益的探索。

2021.3.16

西南盆景艺术联合会工作年会

3月16—18日，西南盆景艺术联合会各成员单位的代表 40 余人，齐聚广西北海举行工作年会。会议由秘书长周家利主持，泸州、乐山、雅安、自贡、峨眉、永川、铜梁、南山、湄潭、毕节、昭通、北海等成员单位与会代表踊跃发言，共谋西南盆景发展大计。会后，与会代表集体参观考察了北海的罗汉松盆景园及生产基地。

2021 3.20

2021 粤港澳大湾区深圳花展

　　3 月 20—29 日，2021 粤港澳大湾区深圳花展盆景大赛暨赏石精品展在深圳仙湖植物园举办。本次展览由深圳市城市管理和综合执法局、深圳市人民政府外事办公室主办，中国风景园林学会花卉盆景赏石分会指导，广州盆景协会、深圳市盆景协会、深圳市仙湖植物园管理处承办。200 多件岭南盆景作品和 80 方奇石精品汇集展出，重点展示了陈昌、黄就伟、吴成发、陆志伟、韩学年、郑永泰、彭盛才、黄就成、陆志泉、罗小冬、罗汉生等岭南籍中国盆景艺术大师的盆景作品及艺术成就。

2021.3.26

第一届"中栋杯"盆景艺术展暨浙江盆景艺术研讨会

　　3月26日，由浙江省花卉协会主办，浙江省花卉协会盆景分会、浙江中栋国际花木城承办的浙江省第一届"中栋杯"盆景艺术展暨浙江盆景艺术研讨会在萧山中栋国际花木城开幕。在开幕式上特别为浙江省盆景分会2020年发起的"建设美丽浙江，构建幸福家园，争做盆景行业五十强"活动颁发了"浙江省盆景艺术文化示范园区""浙江省盆景艺术文化示范园""浙江省十佳盆景园""浙江省十佳盆景庭院""浙江省盆景创意园""浙江省优秀盆景产业示范基地"等荣誉奖牌。

　　在浙江省花卉协会盆景分会的精心组织下，全省11个地市共送展精品盆景200余件，以黑松、马尾松、真柏、五针松、赤松、榆树、黄杨、雀梅等为主。不同风格的精品众多，或端庄大气、气势非凡；或古朴苍劲、虬曲多姿；或绿意盎然、生机勃勃。组委会特邀中国盆景艺术大师郑永泰、王如生、张志刚担任评委，评出特等奖10件，金奖19件，银奖27件，铜奖46件。同期举办的浙江盆景艺术研讨会由分会秘书长包小平主持，邱潘秋、楼学文、陈南通、杭少波、陈锡红、江根平等现场制作盆景并与爱好者交流探讨，气氛热烈。

2021.3.31

广东省盆景协会 2021 年度工作会议

3 月 31 日，广东省盆景协会在广州市花都区赤坭镇瑞岭村村委会召开年度工作会议。

2020 年，广东省盆景协会与赤坭镇政府签署了合作共建岭南盆景特色小镇的协议，广东省盆景协会在 2021 年组织盆景艺术大师、艺术家团队进驻瑞岭盆景村，开展盆景技术人才培训、盆景园升级改造、打造盆景精品、开拓盆景市场等一系列活动，彰显了省盆协的能力和实力。

2021.4.3

2021 中国·杭州盆景交易大会暨余杭第五届盆景展

4 月 3—6 日，由盆景展销联盟主办，杭州市余杭区花卉协会盆景分会、杭州花都园艺集团有限公司承办，浙江省花卉协会盆景分会、杭州市余杭区花卉协会、淮南市盆景文化艺术研究会、杭州绿港家庭农场有限公司等协办的"2021 中国·杭州盆景交易大会暨余杭第五届盆景展"在余杭区仁和镇杭州国际园艺中心成功举办。

此次展会依托盆景展销联盟招商百余家盆景展销商，来自数个省市的盆景经营者在杭州国际园艺中心设点销售，各种地方特色的盆景作品与桩材琳琅满目，精彩纷呈。不仅有精致的盆景佳作，也有人工育苗的盆景素材，还有来自宜兴的紫砂盆生产厂家带来的盆器，为前来参观盆景展的爱好者提供了众多的采购机会。

2021.4.9

三镇巡回盆景展

4月9—17日，由宁波市象山县墙头镇、鹤浦镇和贤庠镇联合主办，象山县盆景协会承办，象山县科协与总工会大力支持的三镇巡回盆景展成功举办。

来自象山县协会会员的200件作品依次在墙头镇溪里方村文化礼堂、鹤浦镇公园广场和贤庠镇文化广场展出。观摩展览的盆景爱好者与市民众多。开创性举办盆景巡回展，不仅是象山盆景艺术的一次全面展示，更是面向广大市民的一次盆景文化宣扬与普及，让更多市民认识盆景、了解盆景、喜欢盆景，让盆景走进人们的生活，美化人们的家园。

2021.4.15

中国·遵义第三届杜鹃盆景展

4月15—20日，以"花中西施·魅力新蒲"为主题的"中国·遵义第三届杜鹃盆景展"在遵义新蒲新区举办。

杜鹃花是中国传统十大名花之一，也是遵义市花。为充分展示遵义丰富的自然资源和旅游资源，展示遵义花卉盆景产业的巨大市场潜力，提升名城人文内涵和城市品位，遵义分别于2017年、2018年连续举办了两届杜鹃盆景展，有力推动了当地的盆景产业。本届杜鹃盆景展由新蒲新区党工委、新蒲新区管委会主办，新蒲新区管委会市场监督管理局、遵义市花卉盆景协会承办，邀请安顺市盆景协会、毕节杜鹃花学会、织金县盆景协会组织展品友情展出，共展出杜鹃盆景200件，杂木盆景30件。展览期间还安排了多场现场盆景制作表演。

2021.4.17

上海青年盆景研讨会如皋专场

4月17日上午，由上海植物园、上海市盆景赏石协会、如皋市花木盆景产业联合会主办，如皋市花木盆景产业联合会盆景分会等单位承办的上海青年盆景研讨会如皋专场暨盆景拔尖人才选拔赛、"迎百年华诞"会员盆景展活动在如皋花木大世界举行。

本次活动展出精品盆景100件，作品富有诗情画意，展示形式丰富多样，给人以愉悦的审美享受。开幕式后，30多名长三角青年盆景精英和如皋市盆景拔尖人才进行了盆景现场创作表演。在当天下午举办的青年盆景艺术沙龙上，参加论坛的青年盆景人才围绕盆景相关主题，面对面进行专业讨论，众多中国盆景艺术大师也到场参与交流。

2021.4.25

第二届全国中青年盆景创意展

4月25日，由中国风景园林学会主办，中国风景园林学会花卉盆景赏石分会、山东省盆景协会联盟、天大美术馆、山东奥正集团有限公司承办的第二届全国中青年盆景创意展暨现当代书画作品展在琅琊园成功开幕。

展览汇聚来自上海、浙江、江苏、福建、广东、安徽、河南、山东以及港澳台地区的145件创意盆景佳作。意境融合艺术，注入年轻人的创新与灵感，艺术与生活、人文、场景相互交织，打造人与自然和谐相融的视觉盛宴。来自全国各地的数十位中青年盆景作家还在琅琊园举行了盆景现场创作，十余位中国盆景艺术大师进行了点评。

"花海明光"首届花卉盆景文化旅游节

4月28日，由中国风景园林学会花卉盆景赏石分会主办，明光市盛唐花卉盆景产业园、明光市盆景赏石协会承办的安徽滁州明光市"花海明光"首届花卉盆景文化旅游节暨第十一届王恒亮盆景公益大讲堂在明西街道盛唐花卉盆景产业园开幕。明光市副市长张艳、明光市经开区管委会主任姚正玉及中国风景园林学会花卉盆景赏石分会领导嘉宾胡运骅、陈昌、魏积泉、罗小冬、史佩元、陆明珍、王如生、唐森林、周向春、张世坤、石景涛、沈柏平、刘传富、王恒亮、许辉、徐万友及来自全国各地的盆景爱好者和众多市民游客等2000余人参加了开幕式。

此次精品盆景邀请展汇集安徽省各地的盆景近200件，树种丰富，形式多样，佳作众多，为参观的市民提供了一场精彩纷呈的盆景文化盛宴。

2021 江南文化"妙造自然"苏派盆景艺术展

为展现苏州特色文化创新，打造城市江南文化红色新名片，让苏派盆景全方位融入社区，走近居民，苏州市花卉盆景研究会于4月30—5月7日在苏州工业园区公共文化中心成功举办2021江南文化"妙造自然"苏派盆景艺术展。

苏派盆景以其厚重的历史底蕴、独特的传统技艺和古朴典雅的造型形式而享誉全国。此次展览由苏州市文学艺术界联合会主办，苏州市花卉盆景研究会承办，苏州工业园区公共文化中心协办，以"传承苏派盆景艺术，弘扬江南文化，让盆景艺术走进千家万户"为主题，展出苏派盆景100余件。江苏盆景协会联盟主席张小宝先生出席并致辞，中国盆景艺术大师史佩元、沈柏平以及苏派盆景技艺非遗传承人李为民等嘉宾出席开幕式。

2021.5.1

赤坎区盆景根艺奇石协会
首届岭南会员作品展

5月1日，湛江市赤坎区盆景根艺奇石协会首届岭南盆景会员作品展开幕，湛江市科协主席肖斌、副主席许进，赤坎区科协主席张庄杰，南国科技园执行董事庞田生、广东园林学会盆景赏石专业委员会主任委员谢荣耀、广东科贸职业学院教授罗泽榕、广州市盆景协会秘书长何庆鸿，赤坎区盆景根艺奇石协会会长梁珍，岭南盆景网阳江联络站站长吴计炎，著名自媒体人钟思阳，以及赤坎区盆协全体会员和周边友好盆协代表等 200 多人参加了开幕式。

湛江盆景源远流长，是粤西盆景艺术的中坚力量；赤坎盆协人员、作品以及技术力量，是湛江盆景的重要组成部分，赤坎盆协自然也承担着振兴湛江盆景和粤西盆景的重任。

2021.5.15

2021 上海首届云间赏石盆景文化博览会

5月15—23日，由上海云间粮仓投资有限公司主办，上海市观赏石协会承办的 2021 上海首届云间赏石盆景文化博览会在云间粮仓文创园举办。此次上海首届云间赏石盆景文化博览会旨在弘扬传播赏石艺术非遗文化，推进赏石文化健康持续发展，秉持上海文化码头的资源集聚优势，整合海派文化、江南文化、赏石文化、盆景文化的资源禀赋，依托松江"上海历史文化之源"和云间粮仓重焕人文、历史和建筑价值的区位优势，"粮石"一体，社企联动，开拓自然与人文交融的文创新空间，共同打造赏石文化海上新空间。全国各地的赏石、盆景爱好者相聚松江云间粮仓文创园，共谱奇石与盆景文化渊源佳话，共享"云根落云间"的文化盛宴。

2021 上海首届云间赏石盆景文化博览会经杜海鸥先生与中国盆景艺术家协会副会长、奇石、盆景藏家许辉先生策划，邀请苏放、王志刚、郑志林、樊顺利、芮新华、吴吉成、申洪良、徐淦、盛影蛟、康传健、白强等盆景界嘉宾莅临，并带来数十件精品盆景与来自全国各地的近千方精品铭石一同参展。盆景与奇石交相辉映，动静相宜，不仅为展会增辉，也是盆景界与奇石界一次良好的互动与联谊盛会。

2021.5.23

全国小微盆景精品邀请展
暨首届茂盛山房盆景雅会

　　5月23日，由茂盛山房、盆景乐园网、花木盆景杂志社联合主办，上海市盆景赏石协会、广州盆景协会、安徽省盆景艺术协会、上海工艺美术行业协会协办的"全国小微盆景精品邀请展暨首届茂盛山房盆景雅会"在上海市松江区叶榭镇茂盛山房开幕。

　　玲珑雅致的小微盆景，以小见大，盈尺之间也能将树木的苍劲古雅意态形神展现，凸显意趣，因其体量小，可以人工繁殖栽培，更符合绿色环保，可持续发展的精神，深受大家喜爱。在现代小微盆景的发祥地——上海，小微盆景点缀装饰着千万家庭的阳台、窗前和庭院，也为城市的美化带来别样的风采。盆景乐园网站一直致力于推广小品盆景，十年前便开创性地举办全国性的小微盆景专类展览，全国小微盆景展、中国风盆景展等系列展会的举办，迅速将全国各地小微盆景爱好者紧密团结在一起，研究探讨、交流学习。

　　本届邀请展共展出小微盆景120组、中大型盆景20件，均为上乘之作，一件件精致的小品盆景组合置于古色古香的博古架上，与茂盛山房园林古朴自然的环境相得益彰。展会期间，还举办了以盆景艺术创作为主题的峰会论坛以及艺术家指导会员现场创作等活动，切实增强交流互动。

2021.5.28

淮安市花木盆景协会成立大会

5月28日，江苏省淮安市花木盆景协会成立大会在城市名人酒店举行。淮安市市政府副秘书长马雪，市住房和城乡建设局（以下简称市住建局）党委书记、局长秦浩等领导及市盆景爱好者170多人参加大会。

在此次大会上，参会代表审议通过了《淮安市花木盆景协会章程》，并投票选举曹立波为会长，汤华、蔡一兵、孙晨鸣、程福明、刘庆祥、刘洪生为协会副会长，姚晶为秘书长。同时协会还聘请淮安市原住建局党委书记、局长王亦农为总顾问，姜华为名誉会长，魏清、徐振东、张亚洲为顾问，并特聘请江苏盆景协会联盟主席张小宝先生为淮安市花木盆景协会顾问，聘请赵庆泉、郑志林、王选民、陆志伟、沈柏平、孟广陵、潘煜龙、孙龙海、唐森林、陈迪寅等为淮安市花木盆景协会顾问。

2021.5.28

全国小微盆景展暨盆景交易大会

5月28日，2021中国羽——全国小微盆景展暨盆景交易大会在如皋中国小微盆景基地拉开帷幕，来自全国各地的盆景界人士齐聚一堂，共话发展。

此次展会由中国盆景艺术家协会主办，如皋市花木盆景产业联合会承办，江苏园博会展有限公司实施，中国花卉协会盆景分会、花木大世界控股有限公司联合协办。现场聚集了全国10个省(市)的精品小微盆景407件（组）。

展会期间还举办了"中国·如皋小微盆景发展高峰论坛"，依次进行了"小微盆景产业发展的前景""小微盆景产业化发展初探""小微盆景生产规模技术分析"等主题演讲并与现场盆景人士进行了交流，共同分析关键技艺和市场需求，探讨中国小微盆景产业发展的道路。

2021.5.30

云南省盆景赏石协会第六届理事会换届选举会议

5月30日，云南省盆景赏石协会第六届理事会换届选举会议在昆明兴铁宾馆召开。会议由协会第五届理事会常务副会长兼秘书长太云华主持，会员代表140人出席会议。

会上审议通过了第五届理事会会长韦群杰所作的第五届理事会工作报告和常务副会长兼秘书长太云华所作财务工作报告，选举产生了云南省盆景赏石协会第六届理事会班子成员：太云华当选会长，吴康当选常务副会长，胡昌彦当选秘书长，解道乾、许万明、周宽祥、石岚、刘辉、范云超、苏跃文、王金龙、魏兴林、王伟、赵建勋等当选副会长。孙祥、罗春祥、董刚、李祥、蒋支能、宋有斌、许维塘、裴秋景、王志远、周文等当选副秘书长；第六届理事会聘请前任会长韦群杰担任名誉会长。

2021.6.25

商丘市第四届园林盆景艺术展暨豫鲁苏皖盆景奇石邀请展

6月25—7月2日，由商丘市城市管理局主办，商丘市园林绿化中心、商丘市风景园林学会承办，商丘市盆景协会、商丘市观赏石协会协办的商丘市第四届园林盆景艺术展暨豫鲁苏皖盆景奇石邀请展在商丘汉梁文化公园举行。商丘市政府副秘书长李长领，市委宣传部副部长刘秀琴，市城市管理局局长、党组书记付绍玉，市城市管理局党组成员、园林绿化中心主任聂慧民，河南省中州盆景学会领导孔德政、陈树国、刘军恩、马建新、陈道宜及河南省观赏石协会会长宋溪中、商丘市盆景协会会长唐庆安等领导嘉宾出席开幕式。

本次盆景奇石艺术邀请展，共有四省各地800余件盆景、奇石等艺术展品参展，盆景展品树种多样，形式丰富，市民参观踊跃，充分展示了商丘及周边地区盆景发展的现状，也进一步推动了商丘盆景更快、更好发展。

第三届中国杯盆景大赛

借第十届中国花卉博览会大平台，由中国花卉协会盆景分会与崇明区人民政府共同承办，主题为"江风海韵，诗情画意"的第三届中国杯盆景大赛于6月21—7月2日在上海市崇明区第十届中国花卉博览会百花馆举办。全国17个省份310件作品报名参赛，参赛作者244名，不同流派、不同风格的盆景同台竞技，名品荟萃，佳作纷呈。

中国杯盆景大赛是中国花卉协会盆景分会创办的全国性盆景展览品牌，2014年在江苏如皋举办了首届中国杯盆景大赛，2017年借助第九届中国花卉博览会平台在银川市举办了第二届中国杯盆景大赛，均取得了圆满成功。为使第三届中国杯盆景大赛取得更理想的成绩，增加了许多精彩的内容：一是全展期多"名旦"现场创作表演，展现盆景人的风采；二是精心制作了专题宣传片，讲述盆景人背后的故事，重点展示了分会成立以来发展过程，以及分布在全国各地的理事会成员、工作站开展的重要活动，各地盆景产业发展的动态；三是专题设立庆祝建党百年特展区，献上盆景人的一份特殊厚礼。

第三届中国杯盆景大赛由李树华、谢继书、范义成、王如生、沈柏平、韦群杰、张志刚担任评委，郝继锋、张静国、杨梦君担任监委。

松风唱大雅·和韵颂华章
庆祝中国共产党成立 100 周年盆景展

2021.6.28

　　6 月 28 日，由上海市政协民族和宗教委员会指导，上海龙华寺、上海市盆景赏石协会联合举办，南江集团、无设建筑支持的"松风唱大雅·和韵颂华章"庆祝中国共产党成立 100 周年盆景展在上海龙华寺开幕。本次展览共展出松柏盆景作品 100 件，上海植物园、上海市盆景赏石协会和业界声名卓著的常熟宝鼎园联袂选送了一批"国宝级"精品。为配合盆景展出，"华林三友"照诚、韩敏、茆帆精心书写的百位革命烈士诗词书法作品，与百件盆景交相辉映，展览不仅是一次精美绝伦的盆景艺术盛宴，更展示了中国共产党坚定理想信念、践行初心使命的光辉历程。

　　展场在局部配上书房、茶室等实景化美学空间，将盆景艺术融入生活场景。展品中有众多盆龄百年以上的盆景，既有获得过全国评比金奖的经典之作，也有首次外借的珍贵盆景。上海植物园镇园瑰宝大型盆景"拂云擎日""翠净秋空""松掩霞石"等名作多年来首次走出上海植物园，盛装亮相龙华寺，成为展场瞩目的焦点。江苏盆景协会联盟主席、常熟宝鼎园园主张小宝先生应邀携 15 件重量级松柏盆景藏品友情参展，让观赏者领略收藏级盆景无穷的艺术魅力；上海盆景收藏大家、上海盆景赏石协会会长郭新华先生也拿出 15 件精品力作参加此次展览，展示了沪上盆景藏家独特的审美情趣及收藏实力。

2021.7.1

庆百年华诞，建美丽蕲春——醉美园林盆景展

为献礼建党百年华诞，7月1日，由蕲春县城管执法局主办，蕲春县园林局、县盆景协会承办的"庆百年华诞，建美丽蕲春——醉美园林盆景展"在瑞锦东城举行。

湖北省花木盆景协会副会长邵火生、中国盆景艺术大师邢进科及蕲春县经济开发区主任吴学胜、县城管执法局局长王玉堂、县城管执法局副局长陈锦平、县盆景协会会长冯胜辉等出席了开幕式。

此次盆景展得到了湖北省花木盆景协会，黄石市、京山市、浠水县、安徽宿松以及黄冈市部分兄弟县市盆景协会的大力协助，各地共有近300件作品送展。

2021.7.1

陇南首届盆景展

中国共产党建党100周年之际，为彰显陇南地域文化特色，展现陇南盆景园艺文化成果，丰富群众精神文化生活，由陇南市盆景园艺协会承办的陇南首届盆景展于7月1—5日在陇南市武都区钟楼公园成功举办。

陇南市地处甘肃省东南部，扼陕甘川三省要冲，素称"秦陇锁钥，巴蜀咽喉"，为甘肃省域南部重要的交通枢纽和商贸物流中心，是具有鲜明地域文化特色的陇蜀之城、橄榄之城。

2020年，陇南市委、市政府将油橄榄定为"市树"，将迎春花定为"市花"，这为陇南盆景艺术事业创造了前所未有的发展新机遇。陇南盆景爱好者越来越多，陇南市盆景园艺协会应运而生，陇南卉艺绿化工程有限责任公司董事长王宏先生担任陇南市盆景园艺协会会长，王林担任秘书长，何林、李永明、巩鹏飞、王奋平等人担任副会长。举办此次陇南首届盆景展正是为了宣传陇南盆景艺术，进一步展示陇南独有的油橄榄盆景的优良属性，必将有力促进陇南盆景产业的发展。

2021.7.1

浙江省名人名家盆景作品展

7月1—5日，由浙江省花卉协会盆景分会、温州市综合行政执法局、温州市鹿城区人民政府联合主办，温州市鹿城区综合行政执法局、温州市鹿城区园林绿化管理中心承办，温州市园林学会盆景分会、温州市花卉行业协会盆景分会协办的"浙江省名人名家盆景作品展"在温州市鹿城区吕浦公园成功举办。

本次浙江省名人名家盆景作品展作品以温州名家作品为主，共有全省各地43位盆景艺术家的170余件盆景参展，佳作众多，品类丰富，充分展示了浙江盆景独具的文人风韵与艺术风格。

2021.7.1

中国（临沂）小微盆景展

7月1日，正值中国共产党成立100周年纪念日，盆景界备受瞩目的庆百年华诞，建美丽中国·中国（临沂）小微盆景展在山东省临沂市中国（临沂）花木博览城成功开幕，用中华民族传统盆景文化艺术为中国共产党百年华诞献礼。

本次展会由中国（临沂）花木博览城、盆景乐园网、花木盆景杂志社主办，中国（临沂）花木博览城承办，临沂市盆景艺术家协会、上海市盆景赏石协会、安徽省盆景艺术协会协办。展会会期3天，展出精品小微型盆景220组。展会期间，还举办了以"盆景艺术可持续发展之路"为主题的盆景专家座谈，多场盆景示范表演、自由兴趣讨论及展销贸易周活动，旨在为国内外盆景艺术家及盆景爱好者们构建一个"展示、交易、交流、合作"的平台，推动我国盆景艺术家与世界各国的盆景艺术家及盆景爱好者之间的交流与合作，进而促进我国盆景艺术的发展。

本次展览特邀赵庆泉、徐昊、盛影蛟、王选民、樊顺利五位专家大师，开展了一堂以"盆景艺术可持续发展之路"为主题的盆景座谈会。现场气氛热烈，大师们不吝分享感悟，答疑解惑，共同探索中国盆景艺术未来发展方向。许宏伟、周礼拉、夏辰杰、宋攀飞、陈友贵等16位青年盆景艺术家做示范表演，赵庆泉、徐昊、盛影蛟、王选民、樊顺利等专家大师现场解说。

7月18日，淮南市盆景文化艺术研究会第三届理事会暨盆景展销联盟会议在浙江杭州盛氏古松园召开，来自全国数个省市的代表、嘉宾参加会议。会议由秘书长李存胜主持，朱东甫会长总结了上半年的具体工作，他指出主打的盆景展销联盟品牌影响力日益扩大，得到全国众多地方展览组委会的认可，数次独立或协助各地重大盆景活动进行招商，均取得重大成绩。盆景展销联盟以搭建全国各地盆景展销平台为己任，利用展销联盟成员遍布全国各地的优势，积极沟通各地盆景展览组委会，以互惠互利为原则，在展览组委会与盆景经营者之间搭建合作共赢的平台，先后为2021中国·杭州盆景交易大会暨余杭第五届盆景展、2021中国（扬州）春季盆景交易大会、2021沭阳春季盆景展销会等重大盆景活动招商，并取得良好的效果。下一步，将依靠所有会员，加强建设，将盆景展销联盟打造成推动盆景交易的重要平台。

2021.7.18
淮南市盆景文化艺术研究会召开第三届理事会

2021.7.25
阜阳市盆景艺术协会第二届会员代表大会

7月25日，阜阳市盆景艺术协会第二届会员代表大会在阜阳岳园盆景园召开。安徽省盆景艺术协会秘书长胡光生，阜阳市盆景艺术协会顾问张世友、李文化、赵永彬、李金才，市国画院院长司学标等出席会议。

会上投票产生了阜阳市盆景艺术协会第二届理事会成员。岳子付当选为会长，陈勇、哈建强、荣朝民、刘彪、张海涛、李广军、白艳龙、李伟、王怀标、张杰、朱浩田等当选为副会长，张克龙当选为秘书长。胡光生、张世友、李文化、赵永彬、白兰清、司学标、李金才被聘为协会顾问，朱永刚、王德良、叶术茂、袁坤、常青、朱子瑜、郭继峰被聘为名誉会长。

2021 7.25

云南省盆景赏石协会昆明会员
活动中心成立

　　7 月 25 日，云南省盆景赏石协会昆明会员活动中心成立大会在西翥召开。云南省盆景赏石协会会长太云华，秘书长胡昌彦，副会长解道乾、许万明、周宽祥、石岚、刘辉，名誉会长韦群杰，监事长王琳，树木组组长杨云坤以及昆明地区的会员代表参加会议，会后还举行了盆景制作交流活动。

2021 8.4

贵州省盆景艺术协会第二届盆景
技艺交流暨会员代表大会

　　8 月 4 日，贵州省盆景艺术协会第二届盆景技艺交流暨会员代表大会在贵阳市召开，此次会议主题为"聚焦贵州盆景新发展，书写贵州盆景新故事"。大会讨论通过了贵州省盆景艺术协会理事会新章程，增选金焰、李胜华、杨杰圣、苟开金、杜刚、陈世敏、熊昌荣为常务副会长，李明波为名誉会长。

　　会议期间组织参会会员代表参观考察了贵阳市观山湖区千峰园、清镇市红枫湖易园、乌当区如意园、白云区金碧宏盛盆景制作栽培有限公司、白云区四合园、白云区荣华庄园等盆景园；在荣华庄园还进行了盆景现场制作技艺交流示范，充分感受贵州得天独厚的自然资源优势，认识贵州盆景存在的问题，找出自身存在的差距，进一步明确前进的方向和目标。

2021.9.5

常熟方塔讲堂——
盆景艺术系列讲座

　　9月5—10月2日，由江苏省常熟市盆景赏石协会会长朱德保作为主讲人的常熟方塔讲堂——盆景艺术系列讲座成功举办，不仅吸引众多盆景爱好者参加，也成为挖掘、弘扬常熟虞山盆景文化的重要形式。朱德保先生担任常熟市盆景赏石协会会长以来，多次精心组织在方塔公园举办盆景赏石展，打造虞山盆景文化品牌，让常熟盆景也成为虞山文化的重要组成部分。朱德保先生结合自己数十年的经验，采取理论与实践相结合，向盆景爱好者讲述盆景创作的理论基础与实践技巧。这三场专题讲座，或介绍树木盆景的制作技法，或鉴赏山石、水旱盆景，或一起探寻文人盆景之道，从古代文人对自身的素质修养、道德要求的高度出发，挖掘文人特有的审美取向和精神追求，结合画意、诗情进行创作，制作出高雅、灵动、飘逸等富有艺术造型的文人盆景。

2021.9.29

商丘市第三届附石盆景展

　　在商丘市非物质文化遗产保护中心、睢阳区非遗文化保护中心的支持下，9月29—10月3日，商丘市风景园林协会、市盆景协会，市花卉协会、市花协盆景分会联合在商丘市金世纪公园盆景赏石园举办了商丘市第三届附石盆景展暨商丘市非物质文化遗产唐氏盆景展，共展出盆景300余件，其中附石精品盆景200余件。

第九届沭阳花木节之精品盆景邀请展

2021.9.29

　　9 月 29—10 月 5 日，第九届沭阳花木节在江苏沭阳国际花木城成功举办。沭阳是全国闻名的花木之乡，是"南花北移之地、北木南迁之所"。沭阳花木栽培历史悠久，始于唐代，盛于明清。近年来，沭阳始终将花木产业作为绿色生态产业、特色美丽产业、乡村振兴产业，推动花木产业节节攀高，花木市场欣欣向荣，花木品牌蒸蒸日上，成功获评首批"中国花木之乡"，并创建全国唯一以花木产业为主导的国家现代农业产业园。

　　作为第九届沭阳花木节重要内容的精品盆景邀请展吸引省内及周边数省精品盆景200 余件参展，树种丰富，形式多样，成为花木节艺术水准高、人气旺的专项展览，为国庆佳节增添了一场独特的艺术盛宴。

2021 9 30

2021 中国盆景名城顺德第三届盆景大展

9月30—10月8日，"揖翠凝生——2021中国盆景名城顺德第三届盆景大展"在顺德北滘门广场成功举办，众多盆景艺术领域的名家、爱好者聚焦顺德、聚焦北滘。本次展览由佛山市顺德区文学艺术界联合会、北滘镇人民政府联合主办，北滘镇宣传文体旅游办公室承办，顺德区盆景协会、大良盆景协会、容桂园林盆景协会、勒流盆景园艺协会、北滘镇盆景协会、乐从盆景协会、均安镇盆景赏石协会、勒流黄连盆景协会、岭南盆景痴友会、陈村花卉世界协办。

顺德自古经济发达，商业繁荣，文教鼎盛，是粤曲、粤剧的发源地之一，著名的"中国曲艺之乡"，深厚的人文底蕴孕育出独具顺德特色的盆景艺术。顺德先后获得"中国盆景名镇""岭南盆景之乡""中国盆景名城"等殊荣。品松丘、彭园、千叶松园、罗园、容桂园林盆景协会、岭南盆景博物园（乐从盆景协会）、勒流盆景园、北滘镇盆景园、中业盆艺园、善园盆景、祖根盆景园等被授予"顺德盆景文化园"称号，杏坛随园盆景园、伦教顺景盆景场、乐从盆景协会分会、梁洪添盆景园、松润园艺、黄连盆景协会等被授予"顺德盆景创作交流基地"称号。

本次展览共展出精品盆景340件，其中有数十件在国际、国家级、省级等各级大展中获过奖。

2021.9.30

阜阳市第三届精品盆景展

　　9月30日上午，第三届阜阳市花卉博览会暨阜阳市第三届精品盆景展在太和县花博园开幕。安徽省盆景艺术协会会长团队谢树俊、郑国顺、许辉、徐淦、余谟君、胡光生、王力群、白强、许振军、李大福、詹国灯以及阜阳市盆景艺术协会会员、阜阳相关领导等数百人共同参加开幕式。

　　阜阳市位于安徽省西北部，是老庄文化发源地，阜阳市盆景艺术协会于2016年7月成立，在会长岳子付、副会长哈建强、陈勇等人带领下，先后举办数次盆景展览与技艺交流活动，阜阳市盆景事业得到快速发展。此次盆景展从8个县（区）精选了200余件盆景作品参展，展品树种丰富，形式多样，充分展示了阜阳市盆景水平与风格。

2021.10.1

淮安市花木盆景协会会员联谊嘉年华

10月1—3日，由淮安市花木盆景协会主办的淮安市花木盆景协会会员联谊嘉年华成功举办，200余件会员作品同台展示。中国盆景艺术大师王选民及青年盆景作家宋攀飞、郝亮、朱子屹、王杰等亲临淮安授课、创作交流，不仅为淮安花木盆景协会会员提供了难得的盆景艺术交流契机，也为淮安市民提供了一场精美的盆景艺术盛宴。

2021.10.18

广西盆景艺术家协会会员代表大会

10月18日，广西盆景艺术家协会在南宁市银林山庄举行了换届选举大会，来自全区各地市的会员代表近150人无记名投票选举产生了第八届理事会，毛竹先生高票连任第八届理事会会长。为了协会的稳定发展和政策的连贯性，副会长、秘书长、副秘书长、专家委员会委员等人选继续连任，同时新增了相关的副会长和副秘书长、常务理事、理事等，为协会补充了新鲜血液。

"可益杯"永川第二届盆景艺术展

10 月 23 日，由重庆市永川区城市管理局主办，永川区盆景艺术协会、重庆凯莱调味品食品公司承办，重庆江通新型材料股份有限公司、重庆旭锋实业有限公司、重庆黄瓜山盆景有限责任公司、重庆万木春文化艺术有限公司协办的"可益杯"永川第二届盆景艺术展在美丽的神女湖畔开幕。

重庆市永川区盆景素材资源十分丰富，金弹子为当地盆景素材的重要树种，具有发展盆景艺术的资源优势。2018 年 4 月，中国盆景艺术家协会专家评审组奔赴重庆市永川区，对"中国金弹子盆景艺术之乡"的创建工作进行了评审。他们认为永川区金弹子自然资源丰富，金弹子盆景制作历史悠久，有着得天独厚的资源优势和人文底蕴；永川区金弹子盆景的规模、质量、产业达到了国内领先水平，授予永川"中国金弹子盆景艺术之乡"的称号。在永川区政府的引导下，在永川区盆景艺术协会的带领下，永川涌现出了一大批盆景创作者、收藏家和专业从事金弹子盆景种植、经营大户，永川盆景也得到了国内盆景界的认可。永川区收藏的金弹子优秀素材的数量和质量在西南地区乃至全国都是首屈一指，"永川金弹子"已声名远播、蜚声海外。

此次展览共有 130 余件作品展出，树种主要是金弹子和罗汉松、柏树、杜鹃等。组委会邀请了裴家庆、左世新、邱政、杨彪、毛谊彬等组成评委会对参展作品进行了评比，评出金奖作品 6 件、银奖作品 12 件、铜奖作品 18 件。

2021.10.28

全国精品盆景展暨盆景交易大会

　　10 月 28—11 月 1 日，在素享"世界长寿养生福地""中国花木盆景之都""江苏历史文化名城"之美誉的如皋举办了全国精品盆景展暨盆景交易大会。这是中国花卉协会盆景分会及同行继 2019 年 10 月、2020 年 10 月在江苏如皋连续成功举办 2 次全国精品盆景展暨盆景交易大会基础上举办的又一次年度盛事，也是继 3 个月前在上海市成功举办第三届中国杯盆景大赛后的又一次盛会。

　　本次全国精品盆景展暨盆景交易大会由中国花卉协会盆景分会主办，如皋市委市政府大力支持，中国盆景艺术家协会、中国风景园林学会花卉盆景赏石分会、盆景乐园网站、如皋市花木盆景产业联合会协办。活动主题为"匠心铸臻品，生活赋诗意"，通过各地各类盆景展示，展现不同流派、不同制作技艺。另外招引全国盆景生产、经营商开展各种营销活动，旨在推动盆景产业，让盆景这首"无声的诗"融入生活圈，给百姓生活增添诗情画意。精品展示区共聚集有山西、辽宁、上海、江苏、浙江、安徽、福建、江西、山东、河南、湖北、广东、广西、海南、四川、贵州、云南、陕西 18 个省区市的精品盆景 350 多件，并特别邀请江苏籍盆景大师王如生、芮新华、史佩元、沈柏平、孙龙海、孟广陵、潘煜龙，携作品 21 件设专区展示。

2021.10.30

"弄文玩素" 雅集活动

　　10月30日，"弄文玩素"雅集活动于顺德区容桂盆景协会盆景园举行，园内顽石曲廊鲤翔水，园外小河环流树婆娑，100多件素仁格盆景装饰园区。

　　"弄文玩素"群友，每年一次活动，活动形式求简。不张扬，不刻意，不求规模，不讲身份，不组织评奖，没有繁文缛节，参与者也是组织者，自由交流，轻松愉快，与当下各类奢华的盆景展相比，其简俭的活动形式如一股清流，既体现了节俭精神，也是"简"的奢侈。

2021.11.12

盆景技术培训班在大郑村开办

　　11月12日，浙江省盆景艺术大师、宁波市非物质文化遗产盆景技艺传承人陈迪寅来到浙江省宁海县前童镇大郑村，开办盆景技术培训班向村民传授盆景种植及制作技能，帮助该村推进美丽乡村和美丽庭院建设，进一步助力乡村振兴。

　　大郑村几乎家家户户养盆景，许多村民对盆景也有着浓厚的兴趣。大郑村村委也提出了艺术振兴乡村的理念：一是美化环境；二是以艺术为沟通语言，激活村民内生动力，共同建设家园，提高大众审美、丰富文化生活；三是以艺术为抓手，导流人群，以产业为核心，助推村民开发制作盆景产业和工艺文创产品。

　　这次邀请陈迪寅大师及徒弟陈浩侃、骆勋指导盆景制作技能，传授盆景造型和养护管理知识活动，目的在于增加村民盆景种植的专业知识，更加科学地种植盆景，提高大郑村的盆景质量，增加村民收入。

2021.12.3

贵州省盆景艺术协会盆景奇石根艺展

　　12月3日，贵州省盆景艺术协会盆景奇石根艺展在清镇市益华湖湾营销中心开幕，由全省各地州市选拔而来的盆景、奇石、根艺作品在此集体亮相，其中展出造型各异、姿态优美的盆景作品160余件。

　　本次展览由贵州省盆景艺术协会主办、贵州益华房地产开发有限责任公司承办，包含开幕式、颁奖仪式、盆景大师创作表演、民间指画大师现场表演、盆景奇石根艺展览、盆景奇石根艺拍卖会、盆景艺术文化交流、盆景奇石根艺精品点评等环节，该展览以独特的艺术形态与文化内涵吸引了众多盆景爱好者。

2021.12.3

第十三届粤港澳台盆景艺术博览会

　　12月3日，由广州市花都区赤坭镇人民政府和广东省盆景协会携手举办的第十三届粤港澳台盆景艺术博览会暨花都·赤坭盆景节成功开幕，为岭南大地的冬日添上了一抹亮色。

　　粤港澳台盆景艺术博览会，是两岸盆景界为弘扬中国盆景艺术，适时展示两岸盆景爱好者的创作成果，密切联系交流的重要平台，是目前国内影响较大、延续时间较长、展览精品较多、展出水平较高的专业盆景展览会之一，是广东省盆景协会历经三十多年打造的盆景展览品牌，在岭南地区拥有很大的影响力。

　　博览会于竹洞村主会场、瑞岭村分会场同步进行，四百多件来自广东各地及港澳台地区的精品盆景分设在竹洞村的逸翠园、百家精品园和瑞岭村的岭南盆景大师园，精品荟萃、佳作云集。经评委会严格评审，评选出金奖作品28件、银奖作品52件、铜奖作品80件。展会期间，还举行了岭南盆景大师现场创作表演、乡村盆景工匠技能大赛、盆景展销拍卖等活动，展期至12月9日结束。

第 二 章

松 柏 盆 景

SONGBAI PENJING

年 度 致 敬 作 品 ▶ 一

无题
树种：大阪松
收藏：宝盛园

年 度 致 敬 作 品 ▶ 二

和合
树种：真柏
作者：杨贵生

年 度 致 敬 作 品 ▶ 三

无题

树种：真柏

收藏：百师苑

年 度 致 敬 作 品 ▶ 四

剑指苍穹
树种：真柏
作者：曹志振

年度致敬作品 ▶ 五

龙飞凤舞

树种：真柏

作者：刘国雄

年 度 致 敬 作 品 ▶ 六

秦汉风云

树种：真柏

作者：陈国健

年 度 致 敬 作 品 ▶ 七

合家欢

树种：大阪松

作者：盛影蛟

年 度 致 敬 作 品 ▶ 八

相逢只怪影亦好
树种：大阪松
作者：陈关茂

年 度 致 敬 作 品 ▶ 九

无题

树种：真柏

收藏：常熟宝鼎园

年度致敬作品 ▶ 十

一线天下有人间
树种：真柏
作者：赵斌

年 度 作 品 ▶

碧云出岫

树种：真柏

作者：朱有才

奔月

树种：真柏

作者：陈文辉

楚淮雄姿

树种：真柏

作者：曹立波

春秋历程
树种：侧柏
作者：田启银

独立寒秋

树种：侧柏

作者：禹华

对弈
树种：赤松
作者：夏敬明

福荫
树种：真柏
作者：李财源

高士图

树种：五针松

作者：赵庆泉

古风
树种：赤松
作者：周西华

古朴
树种：真柏
作者：朱登峰

汉柏遗韵

树种：真柏

作者：许辉

汉柏凌云
树种：真柏
作者：翟本建

古渡风云

树种：刺柏

作者：郭华祥

豪杰

树种：真柏

作者：吴振文

呵护

树种：五针松

作者：冯志翼

君子之风

树种：龙柏

作者：金祥春

回眸

树种：真柏

作者：李文明

无题
树种：山松
作者：黎均洪

聚翠
树种：真柏
作者：康传健

瘦骨堪画

树种：五针松

作者：陈关茂

又见云飞松舞时

树种：黑松

作者：张志刚

雷神
树种：真柏
作者：史佩元

亢龙有悔
树种：赤松
作者：郑国顺

青云为志
树种：真柏
作者：鲍世骐

龙腾四海

树种：山松

作者：彭盛材

秦汉腾云

树种：真柏

作者：陈宇

峭壁游龙
树种：赤松
作者：朱永康

情深
树种：侧柏
作者：刘丙礼

望岳

树种：真柏

作者：范义成

日落夕阳

树种：五针松

作者：盛光荣

秋风徐徐韵更浓

树种：黑松

作者：张柏云

双雄

树种：刺柏

作者：徐昊

岁月
树种：真柏
作者：赵斌

盛世重生

树种：刺柏

作者：徐迎年

万古峥嵘

树种：刺柏

作者：朱惠祥

敦煌随想

树种：山松

作者：韩学年

听涛
树种：真柏
作者：臧守同

乌龙摆尾
树种：真柏
作者：张新平

无题

树种：赤松

作者：杨贵生

无题
树种：刺柏
作者：柯成昆

无题
树种：真柏
收藏：鸿江盆景园

无题

树种：黑松

作者：吴德军

狮子山下

树种：真柏

作者：杨贵生

荟萃

树种：真柏

作者：赵庆泉

无题

树种：真柏

收藏：台州梁园

祥云劲柏

树种：真柏

作者：杨文兴

相依

树种：真柏

作者：宋二虎

无题

树种：真柏

作者：吴吉成

无题

树种：真柏

作者：杨贵生

雄风

树种：刺柏

作者：吴国跃

兄弟

树种：五针松

作者：胡发耀

无题

树种：刺柏

作者：齐胜利

雄峙天穹

树种：真柏

作者：郑志林

依恋
树种：真柏
收藏：百师苑

无题
树种：真柏
作者：唐胜明

依然

树种：侧柏

作者：梁玉庆

倚剑苍天

树种：侧柏

作者：陈广君

金龙狂舞

树种：真柏

作者：杨建

鸳鸯不独宿
树种：五针松
作者：杨明来

钟吾雄姿
树种：柏树
作者：郑光

舞
树种：真柏
作者：陈文娟

回首展翠
树种：黑松
作者：何焯光

松林闲趣
树种：五针松
作者：楼宪胜

松林清趣图

树种：五针松

作者：郑国平

无题
树种：大阪松
收藏：宝盛园

无题
树种：黑松
作者：张小宝

流水三千

树种：赤松

作者：余昌明

风姿雅韵

树种：山松

作者：罗传忠

百折不挠

树种：真柏

作者：朱松

远古的传说
树种：刺柏
作者：汪守卫

画魂

树种：真柏

作者：孙龙海

骏马秋风

树种：五针松

作者：沈水泉

第 三 章

杂 木 盆 景

ZAMU PENJING

第 三 章

年 度 致 敬 作 品 ▶ 一

奇峰叠趣

树种：六角榕

作者：罗汉生

年度致敬作品 ▶ 二

穆如清风
树种：黄杨
作者：朱德保

年度致敬作品 ▶ 三

魔城

树种：六角榕

作者：杜建坤

年 度 致 敬 作 品 ▶ 四

紫霞仙子下凡尘

树种：三角梅

作者：陈昌

年 度 致 敬 作 品 ▶ 五

无题

树种：榕树

作者：柯成昆

年度致敬作品 ▶ 六

松下把盏忆当年
树种：罗汉松
作者：田一卫

年度致敬作品 ▶ 七

千手之韵
树种：榔榆
作者：徐淦

年 度 致 敬 作 品 ▶ 八

丛林叠翠

树种：雀梅

作者：黄就明

年 度 致 敬 作 品 ▶ 九

苍榕如海纳百川
树种：榕树
作者：萧永佳

年度致敬作品 ▶ 十

无题

树种：枷罗木

作者：袁心义

年 度 作 品 ▶

傲岸雄风
树种：雀梅
作者：陈昌

廊桥遗梦
树种：雀梅
作者：刘学武

层林叠翠
树种：雀梅
作者：黄就伟

丛林之歌

树种：榔榆

作者：闫文杰

梅花飘岭南

树种：三角梅

作者：曾培杰

春日峥嵘
树种：雀梅
作者：陈昌

共伊偕老

树种：朴树

作者：陈治辛

楚魂

树种：对节白蜡

作者：徐寅洲

公孙威武
树种：朴树
作者：王国山

沧海横流显本色
树种：三角梅
作者：陈华春

共创和谐
树种：榆树
作者：蓝德章

共沐春风
树种：黄杨
作者：李运平

动静皆风云
树种：鞍叶马蹄甲
作者：解道乾

大将军
树种：朴树
作者：林学钊

独立寒秋

树种：榆树

作者：李飙

婀娜多姿

树种：榆树

作者：王权

峰峦绿野林深处

树种：榕树

作者：梁永源

风骨
树种：黄荆
作者：丁玉仓

独领风骚
树种：罗汉松
作者：黎德坚

岭连浩榆

树种：榆树

作者：曹立波

林幽木秀竞瑶池

树种：朴树

作者：何奋谦

无题

树种：枫

作者：何关明

海博思春

树种：博兰

作者：熊至荣

竞春图

树种：对节白蜡

作者：刘永辉

荆韵

树种：黄荆

作者：雷天舟

蛟龙探海
树种：三角梅
作者：杜耀东

鹤舞
树种：博兰
作者：罗志杰

金戈铁马

树种：山橘

作者：吴计炎

金鹿华榕

树种：榕树

作者：王景林

倾城之娇
树种：雀梅
作者：赵武年

南国风韵
树种：赤楠
作者：周建华

南海之光

树种：九里香

作者：郑和

双雄再秀

树种：榕树

作者：彭永贤

山林舞曲
树种：罗汉松
作者：薛以平

梅姿古韵
树种：雀梅
作者：黄继涛

情谊

树种：朴树

作者：蔡显华

欺霜傲雪显风骨

树种：三角梅

作者：罗小冬

盘龙献瑞

树种：三角梅

作者：王景林

枝错根虬千秋古

树种：榕树

作者：韩学年

龙吟

树种：罗汉松

作者：关山

万众一心壮中华

树种：榆树

作者：陈再米

同住地球村

树种：榆树

作者：周运忠

同舟共济
树种：雀梅
作者：赵铁峰

天籁之音
树种：雀梅
作者：袁梦蛟

太平盛世

树种：细叶榕

作者：曾华钧

岁月

树种：雀梅

作者：韩琦

文笔独秀

树种：朴树

作者：林学钊

无题
树种：九里香
作者：李建

无题
树种：罗汉松
作者：潘煜龙

无题

树种：对节白蜡

作者：李鹤鸣

望月怀远

树种：榕树

作者：谢继书

乡愁

树种：瓜子黄杨

作者：朱永康

无题

树种：黄杨

作者：王俞又

别有洞天

树种：榆树

作者：方向明

野趣

树种：雀梅

作者：许瑞辉

榆林春色

树种：榆树

作者：金祥春

远古之韵
树种：对节白蜡
作者：邵火生

舞动的山林
树种：三角枫
作者：张志刚

闲情雅趣

树种：山橘

作者：黄继涛

雨舟行

树种：黄荆

作者：雷天舟

榆帝

树种：榆树

作者：杨培培

跃龙门

树种：雀舌罗汉松

作者：王如生

正果红颜喜鹊寿

树种：红果

作者：黄秋玲

峥嵘岁月

树种：榕树

作者：周建华

韵

树种：黄杨

作者：周土生

醉春

树种：璎珞柏

作者：何巧勇

五梓沭阳

树种：榕树

作者：马华成

别有洞天

树种：榆树

作者：王伟忠

笑傲江湖

树种：赤楠

作者：魏积泉

思春

树种：雀梅

作者：盛光荣

峭壁苍虬
树种：雀舌罗汉松
作者：陈志祥

无题
树种：山橘
作者：陆志锦

探海

树种：榆树

作者：孙建军

我与春风皆过客
树种：朴树
作者：石邦全

无题

树种：海岛罗汉松

作者：杨贵生

无题

树种：枷罗木

作者：张小宝

朴魂
树种：朴树
作者：谭大明

神飞疏林外
树种：小石积
作者：王永春

碣石临风
树种：朴树
作者：邓文祥

鸟语蝉鸣林更幽
树种：三角枫
作者：徐迎年

橘庆
树种：山橘
作者：林伟栈

龙盘虎踞

树种：对节白蜡

作者：王勇

碧峰葱茏

树种：榆树

作者：刘俊辉

香飘九里迎客来

树种：九里香

作者：曾安昌

秋林

树种：黑骨香

作者：梁振华

第 四 章

山水、水旱、附石盆景

SHANSHUI SHUIHAN FUSHI PENJING

年 度 致 敬 作 品 ▶ 一

云深不知处
树种：三角梅
作者：陈昌

年 度 致 敬 作 品 ▶ 二

涌动的山林

树种：博兰

作者：王礼勇

年 度 致 敬 作 品 ▶ 三

梦里水乡

树种：榆树

作者：姜文华

年度致敬作品 ▶ 四

丹枫映泉论秋风
西风瑟瑟清溪绕
丹树红枫尽妖娆
赏泉论道有高士
秋新论经皆人家
乙未年逸景书

秋山论道

树种：红枫

作者：张延信

年 度 致 敬 作 品 ▶ 五

老榆探海化蓬莱

树种：榆树

作者：郑永泰

年 度 致 敬 作 品 ▶ 六

春江映碧

树种：对节白蜡

作者：黄守贤

年 度 致 敬 作 品 ▶ 七

自古人间欢乐多
树种：璎珞柏
作者：王如生

年度致敬作品 ▶ 八

共享自然

树种：榆树

作者：郑永泰

年 度 致 敬 作 品 ▶ 九

南柯一梦

材种：榔榆、英石

作者：黄就成

年 度 致 敬 作 品 ▶ 十

故人依然笑春风

树种：榆树

作者：舒杰强

年 度 作 品 ▶

垂钓
树种：雀梅
作者：乐旭斌

清奇古怪
树种：刺柏
作者：史佩元

山居图
材种：真柏、磷矿石
作者：燕永生

山行
材种：虎刺、龟纹石
作者：严龙全

平湖秋色

树种：对节白蜡

作者：邵火生

归乡

树种：榆树

作者：张志刚

彼岸春色渡乡愁
材种：黄杨、龟纹石
作者：田原

忆江南
材种：柽柳、龟纹石
作者：韩琦

春满人间
树种：铁包金
作者：李锦伟

柳韵丝梦醉春江
树种：小石积
作者：夏慧琼

春风又绿江南岸

树种：雀梅

作者：邱潘秋

晨曲

树种：榆树

作者：李晓波

枫映沅江水
　树种：红枫
　作者：夏建元

树石情怀

树种：榆树

作者：许长山

树石和鸣

树种：榆树

作者：唐庆安

漓韵欢歌
树种：六月雪
作者：李平

灵隐泰岳
石种：石灰石
作者：付士平

邀风对弈

树种：黄杨

作者：燕永生

横空飞渡

树种：雀梅

作者：黄就伟

疑是银河落九天

树种：三角梅

作者：刘学武

登高

树种：榆树

作者：龙飙

秋山晚翠
材种：珍珠柏、海浮石
作者：肖宜兴

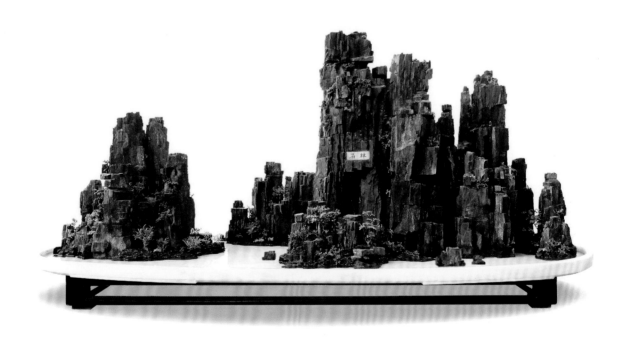

石林风光
材种：木化石、黄杨、虎刺、真柏
作者：韩琦

神奇的雨林

树种：博兰、火山石

作者：刘传刚

秋江奇崖

石种：磷矿石

作者：郭少波

长风万里送行舟

材种：米叶冬青、龟纹石

作者：陈荣国

缘分

树种：朴树

作者：江国斌

问泉

树种：对节白蜡

作者：冯连生

觅幽图

树种：对节白蜡

作者：黄守贤

山居图

材种：真柏、济南纹石

作者：李云龙

风和景明

材种：宣石

作者：陈圣、赵德发

江山秋色图

石种：千层石

作者：牟军华

张家界顶有神仙——走过春夏秋冬
树种：黄杨、六月雪等
作者：山民、杨瑞仁

玉龙映蓝月
材种：石灰石、枸子
作者：刘俊

空古禅韵
石种：磷矿石
作者：夏兆锦

浣纱溪畔

树种：榆树

作者：黄学明

青崖放鹿

树种：对节白蜡

作者：严志龙

同生同德

树种：五针松

作者：吴克铭

第 五 章

花 果 盆 景

HUAGUO PENJING

年 度 致 敬 作 品 ▶ 一

秋声赋

树种：老鸦柿

作者：徐昊

年 度 致 敬 作 品 ▶ 二

层林染秋红

树种：老鸦柿

作者：楼学文

年 度 致 敬 作 品 ▶ 三

同来望月

树种：老鸦柿

作者：刘国雄

年 度 致 敬 作 品 ▶ 四

傲骨临风

树种：石榴

作者：张忠涛

年 度 致 敬 作 品 ▶ 五

秋韵

树种：老鸦柿

作者：吴吉成

年 度 致 敬 作 品 ▶ 六

秋硕
树种：金弹子
作者：吴清昭

年 度 致 敬 作 品 ▶ 七

丰收在望

树种：金弹子

作者：芮新华

年 度 致 敬 作 品 ▶ 八

大地情深

树种：石榴

作者：王鲁晓

年 度 致 敬 作 品 ▶ 九

无题
树种：紫藤
作者：盛影蛟

年 度 致 敬 作 品 ▶ 十

回眸一笑满园春
树种：三角梅
作者：陈昌

年 度 作 品 ▶

凛然正气

树种：金弹子

作者：周润武

东方醒狮

树种：梅花

作者：冯炳伟

众志金秋

树种：金弹子

作者：左世新

冬暖

树种：石榴

作者：李新

丰收在望
树种：金弹子
作者：肖庆伟

古彭风云

树种：梨树

作者：张世细

华正其风

树种：木瓜

作者：胡大宇

古木清香

树种：木瓜

作者：吴德军

古木逢春
树种：金弹子
作者：罗世泉

醉春
树种：杜鹃
作者：邱定喜

雄关如铁
树种：金弹子
作者：芶开强

孤山鹤隐

树种：绿萼梅

作者：徐昊

孤木成林

树种：金弹子

作者：祝贵祥

峥嵘岁月

树种：金弹子

作者：黄开云

庆丰年
树种：石榴
作者：平玉振

岁月
树种：胡颓子
作者：易伟

无题

树种：梅花

作者：周斌芳

崖壁

树种：红果

作者：李光能

把酒问青天

树种：杜鹃

作者：陈安勇

无题

树种：木瓜

作者：张小宝

无题
树种：梅花
作者：陈文君

苍龙吐艳

树种：木棉

作者：张华江

无题

树种：老鸦柿

作者：袁泉

无题
树种：老鸦柿
作者：袁泉

瓶兰探月
树种：金弹子
作者：王开安

春华秋实

树种：金豆

作者：陆法强

村口依然那棵树

树种：金弹子

作者：陈福友

追日
树种：石榴
作者：李新

春风度玉门
树种：海棠
作者：徐昊

斑驳年代
树种：杜鹃
作者：杨新

溪谷林荫
树种：金弹子
作者：滕万里

清秋

树种：老鸦柿

作者：赵庆泉

碧云飞雪

树种：山楂

作者：楼学文

缘

树种：梅花

作者：周修机

碧油千片漏红珠

树种：金弹子

作者：付斌

秋艳

树种：老鸦柿

作者：刘传富

秋意闹枝头

树种：石榴

作者：孙国龙

笙磬同谐

树种：金弹子

作者：滕万里

紫气东来

树种：紫藤

作者：黄国云

苍翠欲滴
树种：金弹子
作者：胡开强

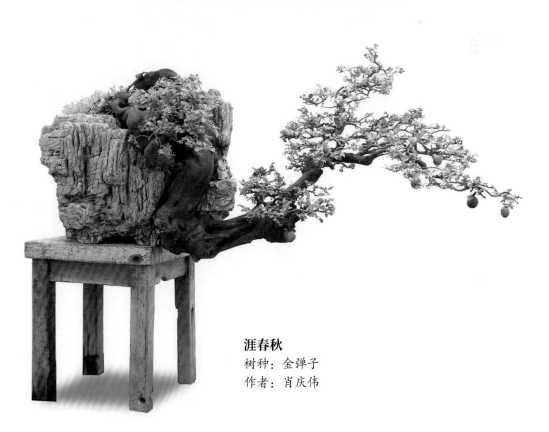

涯春秋
树种：金弹子
作者：肖庆伟

厚积薄发

树种：金豆

作者：李荣华

天梯

树种：棠梨

作者：陈冠军

无题

树种：紫藤

作者：肖宜兴

无题

树种：三角梅

作者：郑永泰

无题

树种：紫藤

作者：许荣林

玉叶藏羞
树种：茶梅
作者：蒋洪亮

秋韵
树种：老鸦柿
作者：陈劲松

榴木雄姿

树种：石榴

作者：张新平

无题

树种：杜鹃

作者：杨彪

柿林秋色

树种：老鸦柿

作者：杨明来

麻姑献寿

树种：老鸦柿

作者：丁建成

第 六 章

小 品 盆 景

XIAOPIN PENJING

年 度 致 敬 作 品 ▶ 一

苍然横翠

树种：黑松、真柏、榆树、槭树、木通

作者：郑志林

年 度 致 敬 作 品 ▶ 二

东方绿舟
树种：榆树、雀梅、金叶女贞、对节白蜡、真柏
作者：王元康

年 度 致 敬 作 品 ▶ 三

多姿

树种：金边女贞、真柏、小叶榔榆、对节白蜡

作者：李云龙

年 度 致 敬 作 品 ▶ 四

雅室赋闲趣

树种：对节白蜡、大阪松、六月雪、水蜡、黑松、胡椒木、米叶冬青

作者：倪民中

年度致敬作品 ▶ 五

妙趣

树种：刺柏、对节白蜡、榉树、雀舌罗汉松、柞木、三角枫、黑松

作者：郑晨

年 度 作 品 ▶

相聚

树种：纪州真柏

作者：谭有顺

出岫

树种：黑松、榆树、真柏、三角枫等

作者：郑志林

江山多娇

石种：黄铁矿石、莹石、新疆玲珑石、蓝铜矿石

作者：顾宪旦

幽谷琴声

树种：黑松、真柏、榆树、米叶冬青

作者：许欣毅

梁溪春晓
树种：真柏、罗汉松、鸡爪槭、长寿梅、胡颓子、黑松
作者：周烨

集景
树种：杜鹃、迎春、唐枫、长寿梅、臭椿
作者：吴吉成

顾盼生辉

树种：枸子

作者：周礼拉

一点山亭照寂寥

树种：榆树

作者：李飙

清雅
树种：栀子、榉树、三角枫、金豆、李氏樱桃、真柏
作者：芮成

静心曲
石种：云南汤泉石、安徽宣石、新疆风砺石、广东英德石
作者：太云华

自然神韵

树种：真柏、三角枫、金弹子、长寿梅

作者：许松

逸景雅韵

树种：黑松、系鱼川真柏、姬苹果、石榴

作者：张延信

乡韵
树种：大阪松、栀子、真柏、老鸦柿、鸡爪槭、木通
作者：方志刚

通幽
树种：真柏、金边女贞、长寿梅、李氏樱桃
作者：许宏伟

涧底青松不染尘
树种：黑松、新西兰地柏
作者：张柏云

太行秋韵
树种：黄荆、黑松、真柏、刺柏
作者：黄河

霜叶助秋声
树种：刺柏、短叶麦冬、姬苹果、黑松、崖柏、对节白蜡
作者：马景洲

方寸之间见苍翠
树种：小叶冬青
作者：蒋丽蕊

丹青写意
树种：金弹子
作者：郑志林

枫桥夜泊
树种：火棘、雀舌罗汉松
作者：刘德祥

云光侵履迹
树种：六月雪、胡颓子、黑松、栀子、真柏
作者：吴鸣

顾盼
树种：红枫、老鸦柿、黑松、榆树、长寿梅
作者：俞旭

一色无纤尘
树种：黑松、扶芳藤、黄杨、卫茅、香枫、枸子
作者：杭少波

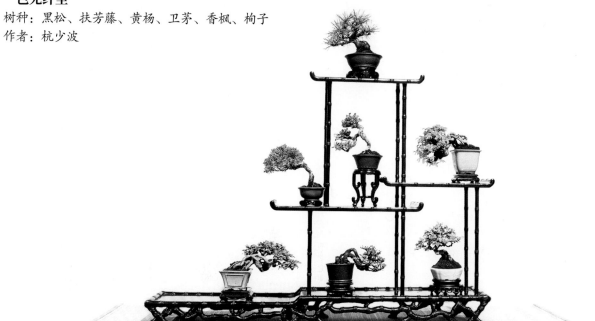

盐阜荟萃
树种：松树、真柏、黄杨、榆树、米叶冬青、金边女贞
作者：陈荣

图书在版编目（CIP）数据

　中国盆景年鉴 2021 /《花木盆景》编辑部主编 . — 武汉：湖北科学技术出版社，2022.11
　ISBN 978-7-5706-2266-5

　Ⅰ . ①中… Ⅱ . ①花… Ⅲ . ①盆景－观赏园艺－中国－ 2021 －年鉴 Ⅳ . ① S688.1-54

　中国版本图书馆 CIP 数据核字 (2022) 第 197552 号

策　　划：章雪峰　邓　涛
责任编辑：王小芳　苏小萌
封面设计：喻　杨
出版发行：湖北科学技术出版社
地　　址：武汉市洪山区雄楚大街 268 号（湖北出版文化城 B 座 13-14 层）
电　　话：027-87679468
邮　　编：430070
网　　址：http ://www.hbstp.com.cn
印　　刷：湖北金港彩印有限公司
邮　　编：430040
开　　本：889mm×1194mm　1/16
字　　数：50 千字
印　　张：18.5
版　　次：2022 年 11 月第 1 版
印　　次：2022 年 11 月第 1 次印刷
定　　价：298.00 元

本书如有印装质量问题　可找本社市场部更换